AF243162

LE FER VÉGÉTAL

DU

RUMEX CRISPUS CULTIVÉ

FERROPLASMA

LE FER VÉGÉTAL

RUMEX CRISPUS CULTIVÉ

Société de Biologie. — Séance du 19 mai 1904.

Extrait d'une communication de
M. le Prof^r A. Gilbert et de M. le Dr P. Lereboullet.

Dans cette séance, MM. A. Gilbert et P. Lereboullet ont attiré l'attention sur l'utilité thérapeutique du « fer végétal » et ont signalé les effets obtenus avec la poudre du « Rumex crispus » plante dont les recherches botaniques et chimiques de M. Saget avaient montré les qualités toutes particulières.

La thèse de M. Saget (1) en étudiant ce fer organique végétal, confirmait la connaissance de l'état sous lequel le fer se trouve dans les aliments végétaux, c'est-à-dire sous ses deux formes : celle de combinaison lâche, dans laquelle le fer, quoique déjà organiquement combiné, est décelable par ses réactions ordinaires, et celle de combinaison masquée, c'est-à-dire tellement forte que la plupart des réactifs sont impuissants à le déceler. En même temps M. Saget vérifiait les richesses en fer des plus ferrugineuses des plantes étudiées par différents auteurs (Molish, Gaube, Boussingault, Bunge, Viaud) et reconnaissait au Rumex crispus une teneur énormément plus grande qu'à aucun des autres végétaux.

Ce Rumex se distingue parmi les 131 espèces ou variétés généralement reconnues, par sa singulière propriété d'absorber le fer du sol, de l'organiser, de le fixer dans une molécule complexe d'hydrate de carbone et d'accumuler ainsi une

---

1. Etude botanique et chimique du Rumex crispus et de ses principes ferrugineux. Montpellier 1903, par P. Saget, pharmacien.

quantité de fer qui atteint 15 grammes par kilogramme dans la racine.

Une pareille richesse est énorme si l'on considère que la lentille, végétal alimentaire regardé comme très riche en fer, ne contient que 8 milligrammes de fer pour 100, soit près de 200 fois moins que la poudre de rumex.

M. Saget ayant isolé le principe ferrugineux trouva :

1° Que ce fer organique est un mélange indéterminé et probablement considérable de composés compris dans la formule générale $(C^{12}H^{10}O^{10})^n Fe$;

2° Que le principe se trouve dans tous les éléments de la plante : le cambium et la portion libérienne avoisinante en contenant beaucoup, le ligneux en contenant fort peu (Voir planche et légende) ;

3° Que le plasma cellulaire est uniformément imprégné de fer, ce qui permet de considérer le contenu des cellules comme un « ferroplasma » résultant de la combinaison du fer avec les principes immédiats en dissolution dans le suc cellulaire.

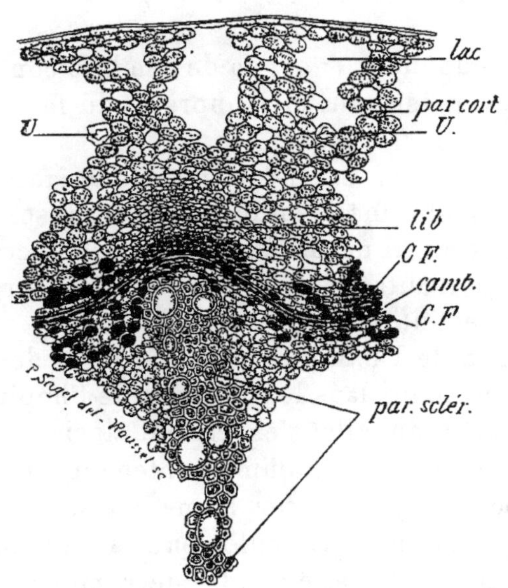

lib. — liber ; par. sclér. — parenchyme scléreux ; par. cort. — parenchyme cortical ; C. F. — cellules plus riches en fer ; lac. — lacune ; U. — utricules à tannin ; camb. — cambium.

La localisation du fer dans les tissus jeunes et tendres permet d'obtenir une poudre de racine beaucoup plus riche en fer que l'ensemble même de la racine. Il suffit de contuser celle-ci modérément, de manière à ne pas pulvériser le tissu ligneux qui reste sur le tamis en longues fibres que l'on rejette. On obtient ainsi un produit pulvérulent titrant jusqu'à 25 p. 1.000.

Le Rumex crispus contient aussi du tannin, une notable proportion de phosphore, un principe amer et une résine voisine de l'acide chrysophanique.

100 grammes de poudre contiennent :

Parties solubles dans l'éther { principes résinoïdes . . amers	}	3gr. 25
Parties solubles dans l'alcool { tannins . . . . phlobaphènes . . . . . . glucoses	}	4 gr. 05
Principes mucilagineux. . . . . Principes ferrrugineux contenant fer 2 gr. 50. . . . . Cellulose.	}	92 gr. 70

100 grammes de poudre donnent 11 gr. 50 de cendres contenant de la chaux, de la magnésie, du phosphore et du fer.

Le fer organisé ainsi élaboré, et en aussi forte quantité, devait faire penser à son emploi thérapeutique ; mieux absorbé et assimilé que le fer minéral, il devait faire éviter les inconvénients de celui-ci, dont, d'autre part, on sait qu'une très faible quantité seulement est utilisée.

Et, en effet, dans l'étude de l'action thérapeutique et de la posologie du Rumex crispus faite dans leur service de l'hôpital Broussais, MM. Gilbert et Lereboullet s'expriment ainsi :

« La nourriture quotidienne d'un homme contenant, selon
« Boussingault 50 à 100 milligr. de fer alimentaire, selon
« Guillemonat et Lapicque 20 milligr. seulement, il semblait
« donc assez facile, en employant cette poudre de rumex cris-
« pus, d'augmenter notablement la ration alimentaire en fer
« organique et d'agir efficacement ainsi contre certaines
« anémies.

« L'amertume assez prononcée de la poudre de Rumex qui
« contient divers autres principes (du tannin, une résine à
« propriétés laxatives, une notable proportion de phosphore,
« etc.) nécessite son emploi médicamenteux en capsules de
« 50 à 55 centigrammes. Nous l'avons, depuis deux ans, admi-
« nistrée à un assez grand nombre de malades, à la dose de
« 1 gr. 50 à 3 grammes et plus, en la faisant prendre de préfé-
« rence au moment des repas.

« En général bien supportée, elle a rarement occasionné
« quelques troubles dyspeptiques passagers, devenus plus
« exceptionnels depuis que nous employons une poudre débar-
« rassée en partie du principe drastique qu'elle contenait ;

« nous n'avons pas noté de troubles intestinaux particuliers,
« réserve faite d'un léger effet laxatif très inconstant.

. . . .

« Ce sont des *faits de chlorose et chloro-anémie tuberculeuse*
« dans lesquels nous avons obtenu les meilleurs effets : rapi-
« dement nous avons vu dans la plupart des cas, l'état général
« des malades s'améliorer, leur poids augmenter, leurs forces
« revenir, et les symptômes secondaires à l'anémie s'atténuer
« et disparaître. Nous avons suivi parallèlement les modifica-
« tions de l'état du sang et l'augmentation progressive du
« nombre des globules et surtout du taux de l'hémoglobine...
« Les cas les plus probants ont été ceux où les malades, tout
« en se soignant par le rumex, ont continué leurs occupations
« sans être astreints ni au repos, ni à un régime particulier :
« dans trois d'entre eux l'amélioration a été remarquablement
« nette et rapide.

« Dans les anémies symptomatiques, et notamment dans
« l'anémie de certains tuberculeux avérés, nous avons égale-
« ment administré le Rumex avec des résultats beaucoup
« moins nets ; tout au plus avons-nous observé un temps
« d'arrêt dans la progression de cette anémie, mais l'état grave
« des malades explique suffisamment cet insuccès. Nous
« n'avons d'ailleurs noté aucun phénomène congestif secon-
« daire, aucune aggravation des lésions pulmonaires imputable
« au médicament, contrairement à ce qui est communément
« admis pour les autres ferrugineux.

« Sans insister davantage sur ces résultats thérapeutiques
« qui seront ailleurs développés, nous voulons seulement
« démontrer par ces exemples que le Rumex crispus est un
« médicament ferrugineux actif : et par sa richesse particulière
« en fer végétal, en combinaison lâche, par la facilité avec
« laquelle on peut augmenter, en le cultivant, sa richesse, il
« mérite une place spéciale parmi les agents de la médication
« martiale. »

Extrait d'une communication de
M. le Prof^r Forlanini et de M. le D^r Da Gradi.

Publiée *in extenso* dans *Gazzetta Medica Italiana*, Torino-Pavia, n°s 31, 32, 33. Août 1907.

. . . .

« Comme on le voit, les principes théoriques qui ont inspiré
« Saget répondent à tous les points de vue aux idées les plus
« rationnelles de la thérapeutique martiale qui sont allées
« s'affirmant à travers les études et les observations nombreuses
« complètes à ce jour. Mais le produit du Rumex, outre qu'il
« satisfait aux exigences théoriques d'un bon ferrugineux, a
« montré à l'usage des propriétés thérapeutiques de très
« notable valeur. En effet, Gilbert et Lereboullet à l'hôpital
« Broussais, ont pu en constater la complète efficacité. Pour
« mon compte personnel, dans des observations conduites
« avec le plus religieux scrupule et la plus entière impartia-
« lité, j'ai pu me convaincre que le Ferroplasma est un excel-
« lent médicament martial.

« En fait, le praticien n'aura pas toujours à traiter des ané-
« mies essentielles, mais, bien souvent, il se trouvera en face
« d'anémies secondaires, d'origines infectieuses diverses,
« contre lesquelles il aura déjà heureusement lutté, sans pour
« cela en avoir fait disparaître les suites fâcheuses ; c'est alors
« qu'il sentira le besoin de recourir à une bonne préparation
« ferrugineuse, à laquelle il lui sera permis, à la suite des
« études et des expériences précédentes, d'accorder une
« entière confiance. »

Faisant ensuite le procès des injections ferrugineuses paren-
chymateuses ou hypodermiques, l'auteur conclut :

« ....Ainsi chez deux de mes malades, les injections de
« petites doses de citrate de fer donnèrent lieu à des troubles
« généraux plus ou moins graves et durent être interrompues.
« Tous ceux qui ont une certaine pratique médicale et qui ont
« observé soigneusement, peuvent se rappeler avoir été témoins
« d'inconvénients de cette nature.

« Le Ferroplasma exerce une action rapide et intense sur
« tous les tissus du corps ; autant et plus que le fer administré

« par injections ; en peu de semaines quelques malades qui ne
« tenaient pas debout recouvrent la force et·la fraîcheur des
« personnes à l'état normal. Il a de commun avec les prépara-
« tions qui s'administrent par la bouche, la facilité du traite-
« ment et l'innocuité absolue. »

En une page, que la nécessité· de nous restreindre nous
empêche de citer en entier, l'auteur explique l'augmentation
des globules rouges par un arrêt de leur diminution corrélatif
à l'élimination d'une bonne quantité de la masse aqueuse des
tissus. Il semble, en effet, hors de discussion qu'il existe
chez les anémiques une véritable pléthore séreuse.

« Les résultats les plus brillants furent obtenus pour le taux
« de l'hémoglobine et la valeur globulaire. En peu de temps,
« en un mois, il fut possible, avec le Ferroplasma, de porter
« l'hémoglobine mesurée au Fleischl, de 20 à 90 environ. En
« un mois il fut possible de guérir complètement des personnes
« atteintes de chlorose très grave.

« Dans les cas de chlorose pure, il fut facile d'obtenir, avec
« une augmentation de coloration, une amélioration et une
« guérison de toutes les autres conditions : résistance, forme,
« disposition en piles. Dans les cas d'anémie secondaire par
« intoxication où il semble exister, outre un manque d'hémo-
« globine, un défaut de structure des globules, une améliora-
« tion des autres conditions s'accompagne difficilement d'une
« augmentation de valeur globulaire.

« .....Un des reproches les plus importants faits au fer admi-
« nistré par voie buccale est de se montrer irritant pour la
« muqueuse gastro-intestinale et de ne se montrer efficace que
« si cette action irritante arrive à produire une desquamation
« de l'épithélium de la muqueuse même qui en facilite l'absorp-
« tion.

« Parmi les conséquences dangereuses de l'action irritante
« inhérente aux différents produits ferrugineux sur l'appareil
« digestif, on doit noter la constipation opiniâtre et les diar-
« rhées douloureuses suites de fermentations toxiques. Or, si
« l'on pense que dans la chlorose, forme d'anémie la plus fré-
« quente et dans laquelle la médication martiale trouve ses
« plus grandes indications, la constipation est un accident très
« fréquent, je dirai presque habituel, on doit comprendre

« combien le médecin se trouve embarrassé quand il doit
« conseiller un traitement ferrugineux, et comme il a volon-
« tiers recours à des voies d'administration non naturelles
« telles que les injections hypodermiques, même au risque
« d'aller au-devant d'inconvénients d'autre nature.

« Le Ferroplasma, partie par l'état dans lequel se trouve com-
« biné le fer, partie par quelque principe drastique contenu
« dans la plante dont il est extrait, outre qu'il est de digestion
« facile (chez aucun de mes malades je n'ai eu à constater la
« plus petite intolérance, même dans les cas où d'autres prépara-
« tions n'avaient pas été supportées (cas n° IX, X et XI) (1) a pré-
« cisément la vertu de vaincre la constipation même la plus
« rebelle, et de réveiller l'appétit, sans pour cela provoquer
« aucun état inflammatoire, sans produire de diarrhée même
« minime, quand le médicament est administré suivant les
« doses indiquées.

« Le Ferroplasma s'est donc montré, dans ses applications
« thérapeutiques, efficace et inoffensif. C'est pourquoi j'appelle
« avec plaisir l'attention de mes collègues sur ce nouveau
« produit dont ils pourront retirer un avantage sérieux dans
« leur pratique. »

*Société médico-chirurgicale de Liège. — Séance
du 5 mars 1908.*

Communication de M. le Dr Derouaux.
Clinique médicale de l'hôpital de Bavière
(Prof^r Lucien Beco).

M. Derouaux rappelle que les préparations de fer organique
sont considérées comme notablement les plus actives. Il montre
que la ration ferrugineuse alimentaire journalière est insuffi-
sante pour récupérer les pertes ferrugineuses des anémiques.
Puis il cite les tentatives faites pour accroître la richesse ferrugineuse des végétaux, s'arrête aux résultats obtenus par Saget
au moyen du Rumex crispus, et relate les effets qu'il a obtenus
avec la poudre sèche de ce rumex ou Ferroplasma.

« Onze observations recueillies à la clinique médicale
« (hôpital de Bavière) nous ont donné les résultats suivants :

1. Voir pages 19 et suivantes.

« Dans les cas de chlorose (1), d'anémie de la tuberculose
« au début, les résultats obtenus sont en général très favo-
« rables. La quantité d'hémoglobine et le nombre des globules
« rouges augmentent rapidement. Les globules blancs présen-
« tent des modifications variables.

« En même temps l'état général s'améliore et les malades
« augmentent en poids. Les troubles digestifs s'amendent et
« l'appétit s'accroît notablement.

« Jamais nous n'avons observé d'intolérance. La constipation
« habituelle lorsque l'on utilise les ferrugineux, fait défaut et
« si elle existait avant le traitement elle disparaît rapidement.

. . . .

« En somme, le Ferroplasma nous a paru être un médica-
« ment recommandable dans le traitement des anémies. Son
« action est rapide et surtout accusée dans les cas de chlorose
« et d'anémie de la tuberculose au début.

« Il est très bien toléré, n'engendre pas de troubles gastri-
« ques, ne provoque ni ballonnement ni constipation. Il exerce
« au contraire une légère action laxative.

« La quantité minime de fer que le médicament contient
« semble indiquer que celui-ci existe dans le Ferroplasma sous
« une forme éminemment absorbable.

« Les doses que nous avons employées sont de 2 à 4 cap-
« sules de 0,55 centigrammes par jour. La durée du traitement
« a varié de trois semaines à deux mois. »

Thèse de Doctorat en Médecine. — Dr Vasseur.
Lille 1905.

Dans sa très intéressante étude, que la nécessité de réduire
cette brochure nous contraint à citer brièvement, le Docteur
Vasseur rapporte 20 observations de cas traités par le rumex,
qu'il a relevés soit en hôpital, soit en clientèle. Il souligne
l'absence d'accidents dans le traitement de l'anémie tuberculeuse et les bons résultats de la médication. (Voir l'observation II, pages 13 et 14). L'auteur conseille de débuter par

1 Voir pages 14 observation III et suivantes.

ı gramme (ou 2 capsules) pendant les trois premiers jours et de prendre le médicament pendant les repas afin d'éviter ou d'atténuer l'effet laxatif chez les tempéraments prédisposés.

Thèse de Doctorat en Médecine. — Dr Cammas.
Paris 1906.

L'auteur a traité des anémies syphilitiques et comparé les résultats obtenus en traitant cette maladie par le mercure seul et par le mercure avec le Ferroplasma comme adjuvant.

Les malades témoins éprouvent pendant la période secondaire de la syphilis une forte déminéralisation.

Les malades traités par le Ferroplasma, pendant cette seconde période accusent, au contraire, une augmentation incessante des globules rouges et de l'hémoglobine. La part qui revient au Ferroplasma dans cette amélioration est nettement indiquée par l'observation n° XIII (ı). Pendant le traitement au Ferroplasma la malade n'a pas suivi de traitement mercuriel et il est à noter qu'elle était soumise au régime de l'Infirmerie spéciale de Saint-Lazare, régime très débilitant et presque aussi sévère que le régime pénitentiaire.

Aux études spéciales précédemment citées se joignent un grand nombre d'observations recueillies dans différents services hospitaliers et dues à l'obligeante initiative de MM. les docteurs Vaquez, Le Blond, Moizard, Barbier, Lesné, à Paris, Lemoine à Lille, Dantz à Bruxelles, Jacobs à Anvers, Roessingh à La Haye, Cantù à Gènes, etc.

Toutes ces observations confirment l'influence du Ferroplasma, soit dans l'anémie essentielle, soit dans les anémies symptomatiques, soit comme adjuvant chaque fois qu'un organisme affaibli a besoin d'effectuer un surcroît de combustions organiques ainsi que l'indique M. le professeur Lemoine.

Les observations publiées par cette brochure sont classées dans l'ordre suivant :

ı. Voir pages 23 et suivantes.

ANÉMIES SYMPTOMATIQUES

ANÉMIES ESSENTIELLES

La richesse de la poudre de Rumex et l'assimilabilité parfaite de son fer « végétal » expliquent pourquoi la dose journalière est beaucoup plus faible que les doses prescrites avec les préparations ferrugineuses connues, et réduisent à un volume restreint la quantité à administrer. Il est donc superflu de rechercher une préparation extractive qui, du reste, présente des chances de destruction de la molécule ferrugineuse, et l'élimination de cette résine à heureuses propriétés laxatives voisine de l'acide chrysophanique, mentionnée plus haut.

Ce Rumex crispus facilement absorbé et utilisé, ne produisant ni constipation ni embarras gastrique, est donc un puissant médicament.

Nous avons l'honneur de le présenter au Corps médical, sous le nom de « FERROPLASMA » et sous les deux formes :

Capsules de 0 gr. 55, titrant 0,0125 de fer, à 5 francs la boîte de 60.
Comprimés de 0 gr. 30, titrant 0,075 de fer, à 4 francs le flacon de 80.

Ces comprimés sont obtenus sans addition d'aucun ingrédient. Très friables, ils n'ont pas les inconvénients habituels de cette forme de préparation.

Les doses qui nous sont indiquées par les multiples expériences sont :

DOSES USUELLES

Pour adultes. — Durant les 3 premiers jours du traitement :

1 capsule ou 2 comprimés, au repas du matin ;
1   —   ou 2   —   au repas du soir,
soit 2 capsules ou 4 comprimés par jour.

A partir du 4ᵉ jour :

1 capsule ou 2 comprimés supplémentaires, au repas de midi,
soit 3 capsules ou 6 comprimés par jour.

Lorsque, chez certains prédisposés, cette dose supplémentaire produit un effet laxatif persistant, il convient de revenir à la dose des 3 premiers jours.
Par contre, lorsque cet effet ne se produit pas, la dose quotidienne peut, sans aucun inconvénient, être portée à 4 capsules.

Pour enfants de moins de 12 ans. — Durant les 8 premiers jours :
1 capsule au repas du matin,
ou 1 comprimé au repas du matin, et 1 comprimé au repas du soir,
soit 1 capsule ou 2 comprimés par jour.

Durant les jours suivants :

1 capsule le matin et 1 capsule le soir,
ou 1 comprimé le matin, 1 à midi et 1 le soir.

MODE D'EMPLOI

Humecter la **capsule** par un léger trempage dans de l'eau, comme s'il s'agissait d'un cachet, l'avaler avec une gorgée d'eau.
Afin de n'en pas sentir l'amertume, avaler le **comprimé** comme une pilule, sans le mâcher, avec une gorgée d'eau. Pour les petits enfants, écraser le comprimé, puis le délayer dans de la confiture.
Les capsules et les comprimés doivent être pris au milieu même du repas.
Quelques personnes éprouvent de la difficulté à avaler les pilules et, de ce fait, hésitent devant une capsule. Nous pouvons leur assurer que la capsule, précisément par son plus grand volume est bien plus facile à avaler (de même qu'un morceau de pain est plus facile à avaler qu'une petite boulette de mie), et que, par sa forme oblongue, notre capsule se place tout naturellement dans le sens voulu, par le seul effort de la déglutition.
L'enveloppe de notre capsule qui paraît résistante, dure même au premier aspect, se détrempe, se ramollit, et se dissout rapidement dans l'estomac.

Échantillons et vente en gros :

Laboratoire VIVIEN, 126, rue La Fayette, PARIS.

OBSERVATION I

Hôpital Hérold. — Service de M. le Dr Barbier

*Tuberculose pulmonaire à la période de germination. Adénopathie trachéo-
bronchique. Anémie très marquée.*

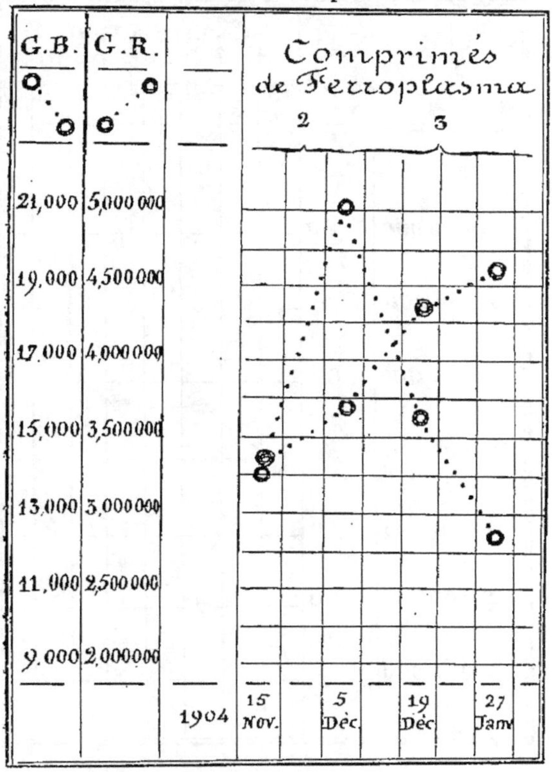

15 novembre.

Glob. rouges	3.250.000
Glob. blancs	14.000

5 décembre.

Glob. rouges	3.707.600
Glob. blancs	21.080

19 décembre.

Glob. rouges	4.363.250
Glob. blancs	15.500

27 janvier. .

Glob. rouges	4.577.460
Glob. blancs	12.400

Poids.

15 novembre . .	27^k600
26 —	27^k900
8 décembre . .	28^k900
19 —	29^k800
2 janvier . . .	31^k800
27 —	34^k

P..., Lucie, 12 ans. Entrée le 14 novembre 1904.

A. H. — Père très bien portant. La mère a eu une pneumonie.

A. C. — Trois frères, dont un mort à 4 ans de la diphtérie.

Examen. — Dépression marquée des creux sous-claviculaires, muscles pecto-
raux diminués. A l'auscultation, congestion du sommet droit et adénopathie tra-
chéo-bronchique droite. Anémie très marquée. Dyspepsie.

Traitement. — Le 17 novembre, 2 comprimés de Ferroplasma le matin et 2 le
soir. Petite diarrhée ; la dose de Ferroplasma est abaissée à 1 comprimé le
matin et un le soir.

Régime. — 2 purées, 2 œufs pris difficilement. Le 26 novembre on ajoute 25
grammes de viande crue qu'on augmente progressivement jusqu'à 100 grammes.

Le *1er décembre.* — Pas de diarrhée, état très satisfaisant ; dyspepsie
disparue.

Le *4 décembre.* — 3 comprimés de Ferroplasma par jour.

Le *19 décembre.* — Le teint est superbe. La malade reprend à vue d'œil. Un
peu de congestion persiste encore. La malade reste en observation durant le
mois de janvier.

Le *2 février.* — Sortie en très bon état.

OBSERVATION II
Thèse de M. le Dr Vasseur, de Lille.

Chloro-anémie tuberculeuse.

2 mai.

Hématies.   4.433.000
Rich. glob.   2.216.300
Val. glob.   0.49
Leucocytes   7.485

21 mai.

Hématies.   4.433.000
Rich. glob.   2.500.000
Val. glob.   0.56

3 juin.

Hématies.   4.960.000
Rich. glob.   2.800.000
Val. glob.   0.56

10 Juillet.

Hématies.   4.836.000
Rich. glob.   3:047.421
Val. glob.   0.63

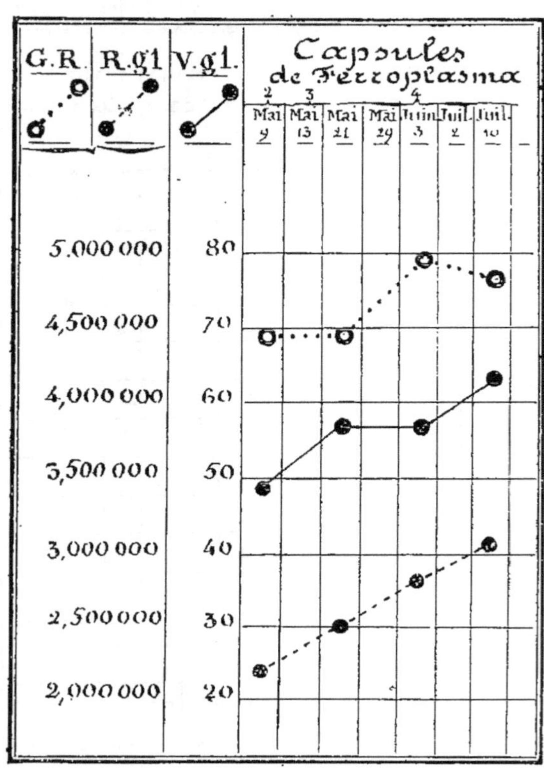

Mme M..., 28 ans, couturière.

ANTÉCÉDENTS HÉRÉDITAIRES. — Mère morte de cancer ; un frère et une sœur morts de tuberculose pulmonaire.

ANTÉCÉDENTS PERSONNELS. — Il y a 6 ans, diagnostic de tuberculose pulmonaire. Hémoptysies très fréquentes ; fièvre le soir. Toux : expectoration nummulaire ; sueurs nocturnes.

A fait deux cures de 2 mois dans la montagne, puis trois cures de 1 mois à la campagne. Depuis un an, elle n'a plus de fièvre ni d'hémoptysies, mais s'est anémiée de nouveau. Vertiges fréquents, palpitations ; digestion assez lente ; constipation habituelle. La malade travaille beaucoup, veille fréquemment.

TRAITEMENT :

10 mai. — 2 capsules de Rumex (Ferroplasma) par jour, au milieu des repas.

13 mai. — 3 capsules.

16 mai. — 4 capsules par jour, jusqu'au 29 mai.

Moins constipée depuis le 17. Règles normales du 29 mai au 2 juin.

3 juin. — Les selles sont devenues plus faciles. Rien du côté de l'estomac. Rien de spécial du côté des poumons.

2 juillet. — La malade cesse de prendre les capsules à cause des règles (règles normales).

Le 29 mai et le 2 juillet, suspension du traitement pendant les règles (5 jours).

10 juillet. — La malade se sent plus forte : elle a moins d'éblouissement ; le teint est plus coloré.

L'auteur ajoute : « Nous insistons, dans cette observation sur la façon dont l'appareil pulmonaire malade a supporté le fer : aucun incident n'a été noté de ce côté, — la malade était surveillée de très près et auscultée fréquemment. Le nombre des hématies, ainsi que R et G ont augmenté lentement mais d'une façon nettement progressive. »

OBSERVATION III

Clinique médicale de l'Université de Liège.

Directeur : M. le Prof^r L. Beco. Assistant : M. le Dr Derouaux.

Anémie tuberculeuse.

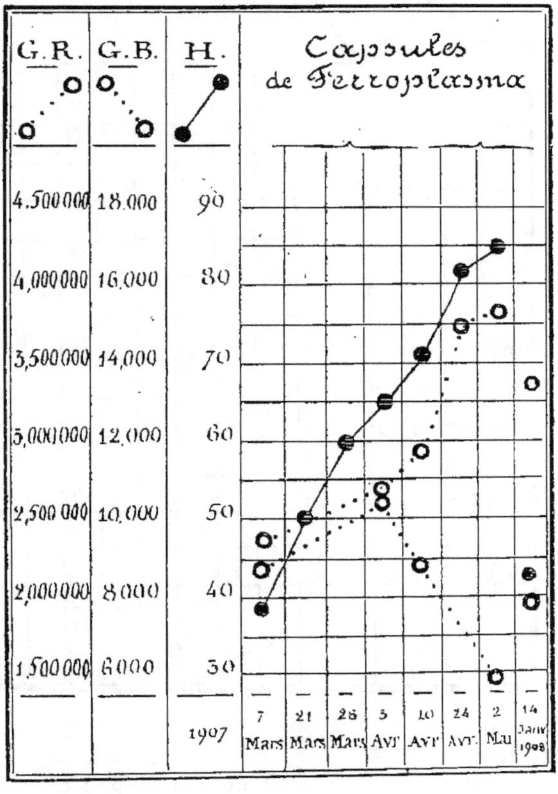

7 mars.

Glob. rouges	2.375.000
Glob. blancs	8.750
Hémoglobine	39

21 mars.

| Hémoglobine | 50 |

28 mars.

| Hémoglobine | 60 |

3 avril.

Glob. rouges	2.712.000
Glob. blancs	10.350
Hémoglobine	65

10 avril.

Glob. rouges	2.950.000
Glob. blancs	8.875
Hémoglobine	71

24 avril.

| Glob. rouges | 3.750.000 |
| Hémoglobine | 82 |

2 mai.

Glob. rouges	3.850.000
Glob. blancs	5.900
Hémoglobine	85

G..., Gérard, 54 ans.

Entré à l'hôpital le 7 mars 1907.

Se trouve fatigué, se plaint de dyspnée d'effort et de palpitations, de vertiges, de bourdonnements d'oreilles. Il tousse. Son expectoration, peu abondante, uc renferme pas de bacilles de Koch. Les téguments et les muqueuses sont pâles. Bruit de noune. Tuberculose surtout accusée au sommet droit. Rien au cœur ; les fonctions digestives sont normales.

On commence l'administration du Ferroplasma le 13 mars.

Le *2 mai*. — Le malade se trouve bien, tousse moins et demande à quitter l'hôpital. Lésions pulmonaires stationnaires. Les fonctions digestives ont été régulières pendant la cure.

OBSERVATION IV

Clinique médicale de l'Université de Liège.

Directeur : M. le Prof^r L. Beco. Assistant : M. le Dr Derouaux.

Anémie tuberculeuse.

30 avril.

Glob. rouges   4.150.000
Glob. blancs   3.500
Hémoglobine   52

22 mai.

Glob. rouges   4.950.000
Glob. blancs   5.750
Hémoglobine   54

30 mai.

Glob. rouges   4.925.000
Glob. blancs   5.400
Hémoglobine   63

Poids.

30 avril   48^k500
22 mai   49^k300
30 —   52^k

P..., Ferdinand, ouvrier mineur.

Entré à l'hôpital le 30 avril 1907.

Depuis quelques mois il se sent affaibli. Son teint devient de plus en plus pâle. L'appétit est diminué. On ne trouve pas d'œufs d'ankylostome dans les gardes robes.

Au *9 mai*, on commence l'administration du Ferroplasma.

Le *30 mai*. — Le teint du malade est manifestement mieux coloré, l'appétit est excellent et le malade se trouve beaucoup mieux. Il désire reprendre sont travail.

OBSERVATION V
Clinique médicale de l'Université de Liège.
Directeur : M. le Prof^r L. Beco. Assistant : M. le Dr Derouaux.

Anémie tuberculeuse.

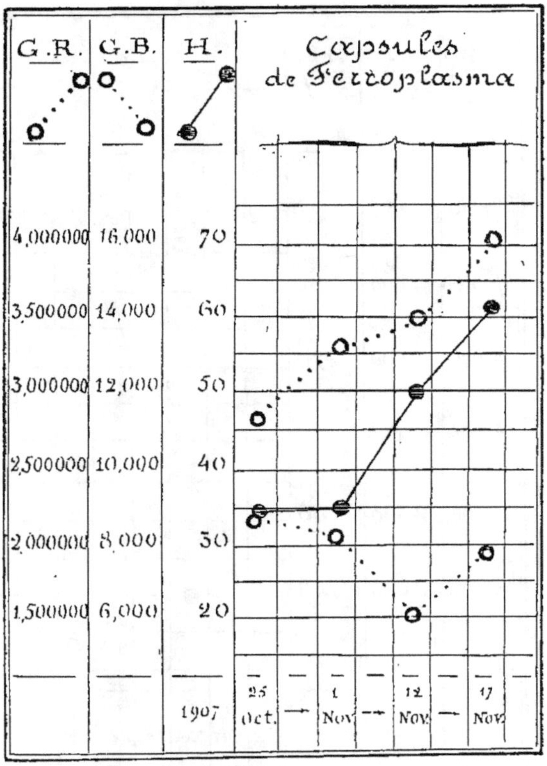

23 octobre.

Glob. rouges   2.800.000
Glob. blancs   8.737
Hémoglobine   34
Polynucl.   69   o/o
Mononucl.   3o 2/3 o/o
Eosinophiles   1/3 o/o

1er novembre.

Glob. rouges   3.275.000
Glob. blancs   8.15o
Hémoglobine   35

12 novembre.

Glob. rouges   3.5oo.000
Glob. blancs   6.000
Hémoglobine   5o
Polynucl.   59 2/3 o/o
Mononucl.   39 2/3 o/o
Eosinophiles   2/3 o/o

17 novembre.

Glob. rouges   4.15o.000
Glob. blancs   7.831
Hémoglobine   62

H..., Elise, 29 ans.
Entrée à l'hôpital le 23 octobre 1907.
N'a jamais eu une santé bien robuste. Depuis quelque temps elle tousse un peu. Légère expectoration séreuse sans bacilles de Koch.

Trois semaines avant son entrée à l'hôpital, elle a fait une fausse couche de six semaines. Pertes de sang abondantes pendant trois jours.

Malade fortement anémiée ; amaigrissement notable. Sommet droit peu sonore avec expiration prolongée. Ophtalmo réaction négative.

Le poids de la malade est de 37 k. 85o.

On donne le Ferroplasma.

Le *1er novembre*. — La malade pèse 39 kilos ; elle se sent mieux. L'ophtalmo réaction répétée est positive.

Le *17 novembre*. — La malade prétend se trouver bien portante et quitte l'hôpital.

On ne constate aucun trouble des fonctions digestives. Pas de diarrhée ni de constipation.

OBSERVATION VI

Clinique médicale de l'Université de Liège.

Directeur : M. le Prof^r L. Beco. Assistant : M. le Dr Derouaux.

Anémie tuberculeuse.

9 novembre.

Glob. rouges	4.500.000
Glob. blancs	6.500
Hémoglobine	48
Polynucl.	78 1/3 o/o
Mononucl.	18 o/o
Eosinophiles	3 2/3 o/o

24 novembre.

Glob. rouges	4.800.000
Glob. blancs	6.000
Hémoglobine	55
Polynucl.	67 o/o
Mononucl.	29 2/3 o/o
Eosinophiles	3 1/3 o/o

9 décembre.

Glob. rouges	4.675.000
Glob. blancs	5.450
Hémoglobine	· 65

13 décembre.

Glob. rouges	4.900.000
Glob. blancs	5.200
Hémoglobine	78

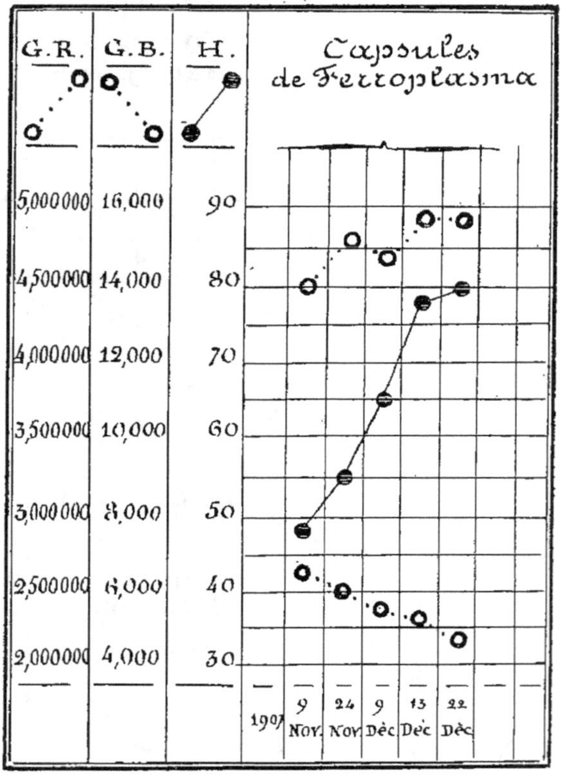

22 décembre.

Globules rouges . .	4.875.000
Globules blancs . .	5.000
Hémoglobine . . .	80
Polynucléaires . . .	73 2/3
Mononucléaires. . .	24 1/3
Eosinophiles. . . .	2 o/o

Poids.

23 octobre	54^k700
13 décembre	57^k
22 —	58^k700

R..., Eva, 26 ans, ménagère.

Entrée à l'hôpital le 23 octobre 1907 pour pleurésie tuberculeuse. Après un premier examen du sang, on donne du Ferroplasma.

Le *24 novembre.* — L'épanchement pleural est résorbé. La malade se trouve mieux ; l'appétit est meilleur.

Le *22 décembre.* — La malade se trouve mieux et demande à quitter l'hôpital. Pas de constipation ni de diarrhée pendant le traitement.

OBSERVATION VII
Hôpital maritime de Toulon.

Anémie par entéro-colite et paludisme.

18 octobre.

Glob. rouges   5.240.000
Rich. glob.   2.770.382
Val. glob.   0.53

11 décembre.

Glob. rouges   3.820.000
Rich. glob.   2.908.901
Valeur. glob.   0.76

Poids.

23 *septembre.*		59^k500
1	*octobre.*	60^k
7	—	60^k600
14	—	60^k800
21	—	60^k800
28	—	61^k
4	*novembre*	61^k
11	—	62^k100
18	—	63^k
25	—	63^k
2	*décembre.*	63^k400
9	—	63^k400

Capitaine N..., de l'Infanterie coloniale.

Traitement par le Ferroplasma commencé le 7 novembre 1905 et continué comme ci-après :

Du 7 au 9 novembre. — 1/4 de capsule le matin, 1/4 le soir.
Le 9   —   1/2   —   1/2   —
Du 10 au 13   —   1 capsule le matin, 1 le soir.
Du 13 au 16   —   2 capsules le matin, 1   —
Du 16 novembre au 12 décembre :
         2 capsules le matin, 2 le soir.

Dès le 14 novembre, une sensation de force, de bien-être, se produit. L'appétit est extrême. Par contre, le sommeil excellent jusque-là, disparaît. Aucune diarrhée ne se produit. Quelques matières noires se constatent dans les selles au début du traitement. Les capsules sont avalées aisément; l'estomac les supporte bien; la digestion est bonne.

La courbe en poids accuse une brusque poussée dès le début du traitement. Un arrêt se produit fin novembre, à cause d'une légère poussée aiguë d'entérite. L'ascension reprend dès que la crise est passée.

OBSERVATION VIII
Hôpital maritime de Toulon.
Anémie paludéenne profonde.

E..., Henri, soldat au 22º régiment colonial.

Entré à l'hôpital pour anémie paludéenne profonde, consécutive à un séjour de 13 mois à Madagascar, le 24 avril 1906.

26 avril. — Globules rouges : 2.200.000. Le malade est mis au traitement par le Ferroplasma dès le 3 mai.

29 mai. — Globules rouges : 3.800.000.

Le taux de l'hémoglobine n'a pas été déterminé.

OBSERVATION IX
Clinica medica della R. Univ. di Pavia. — Prof. Forlanini.
Assistente : Dr A. Da Gradi.

Anémie intense.

27 février.

Glob. rouges	1.400.000
Glob. blancs	2.600
Hémoglobine	28
Valeur glob.	1

25 mars.

Glob. rouges	2.400.000
Glob. blancs	4.500
Hémoglobine	45
Valeur glob.	0,96

3 avril.

Glob. rouges	3.300.000
Glob. blancs	4.500
Hémoglobine	65
Valeur glob.	0.98

19 avril

Glob. rouges	3.500.000
Glob. blancs	4.500
Hémoglobine	10
Valeur glob.	1

C..., Giuseppa, 42 ans, couturière, de Parma.

La malade a eu un passé très tourmenté : une maladie infantile aiguë, suivie, pendant plusieurs mois d'une paralysie des membres inférieurs. A l'âge de six ans, fracture droite du fémur ; à 31 ans, fièvre paludéenne qui s'est répétée pendant plusieurs années consécutives. Epistaxis fréquentes, abondantes.

Depuis quelques années elle souffre d'une anémie intense traitée en vain par les injections du fer qui ont été mal supportées. Opérée en décembre 1906 d'une fissure anale, elle passe, en janvier 1907 dans un service de médecine d'hôpital, où l'on tente, sans succès, les injections du fer qui amènent aussitôt de graves désordres (vomissements, malaises généraux, fièvre intense).

Elle entre à la Clinique médicale le 27 février 1907, dans de très mauvaises conditions : faiblesse extrême, pâleur des muqueuses et de la peau, avec une légère teinte ictérique ; constipation opiniâtre, inappétence ; douleur à la région hypogastrique ; foie gros et douloureux. Les urines contiennent de l'indican et de l'urobiline en forte quantité. Avec le repos et l'usage de purgatifs pour combattre la constipation opiniâtre on obtient de bons résultats, et le 25 mars, on commence le traitement par le Ferroplasma qui est bien supporté.

La malade a une légère diarrhée les 4, 5, 6 et 7 avril qui disparaît bien qu'on ait continué l'administration du Ferroplasma.

La malade a recouvré une grande partie de ses forces. Elle a bon appétit et les selles sont tout à fait régulières (ce qui n'était pas arrivé depuis des années). Le 27 avril, depuis beaucoup de mois, elle a de nouveau des règles normales. Il reste seulement une teinte sub-ictérique de la sclérotique et de la peau, et une forte quantité d'urobiline dans les urines. Depuis quelques jours elle a quitté la clinique, et un mois après elle écrit qu'elle se sent encore bien.

OBSERVATION X

Clinica medica della R. Univ. di Pavia. — Prof. Forlanini.
Assistente : Dr A. Da Gradi.

Ankylostomie duodénale. Anémie.

28 avril.

Glob. rouges 2.500.000
Glob. blancs 13.500
Hémoglobine 30
Valeur glob. 0,60

Glob. rouges pauvres en couleur, très déformables, très faible tendance à se mettre en pile.

27 mai.

Glob. rouges 3.500.000
Glob. blancs 9.000
Hémoglobine 55
Valeur glob. 0.78

Glob. rouges discrètement colorés, moins déformables, quelque tendance à se mettre en pile.

12 juin.

Glob. rouges 4.000.000
Glob. blancs 13.000
Hémoglobine 75
Valeur glob. 0.93

Sang normal, sauf un peu de faiblesse de résistance des Globules contre les agents déformateurs.

G.B.	G.R.	H.	V.gl.	Capsules de Ferroplasma 2	3
21.000	4.500.000	80	95		
19.000	4.000.000	70	85		
17.000	3.500.000	60	75		
15.000	3.000.000	50	65		
13.000	2.500.000	40	55		
11.000	2.000.000	30	45		
9.000	1.500.000	20	35		

1907 — 28 Avr. — 27 Mai — 12 Juin

R..., Maria, 31 ans, paysanne, de Villarasca (Pavie).

Réglée à 18 ans, la malade a eu des règles régulières jusqu'à ces derniers mois. Elle se maria à 19 ans et eut trois fils, dont le premier ne put être allaité à cause d'une anémie nerveuse survenue pendant la grossesse. Elle eut dans le dos, un abcès froid qui fut opéré. Les symptômes de la maladie pour laquelle elle se présente à la clinique, se manifestèrent au printemps de 1906, par de la faiblesse, céphalée, douleurs lombaires, anoréxie, constipation, troubles cardiaques. Un traitement ferrugineux commencé — par voie buccale — au cours de l'été de 1906, dût être suspendu pour cause d'intolérance.

La malade est reçue à la clinique le 22 avril 1907 et un examen sommaire des fèces indique immédiatement, par la présence de nombreux œufs d'ankylostome duodénal, le cadre de la maladie.

On commence de suite un traitement antihelmintique avec l'huile éthérée de fougère mâle, mais, malgré des doses répétées, on ne réussit pas à détruire les parasites.

Le *28 avril.* — On procède à l'examen du sang et l'on établit le traitement contre l'anémie avec le Ferroplasma.

Malgré l'alternance du traitement par le Ferroplasma et de celui par l'huile éthérée de fougère mâle, on ne réussit pas à délivrer l'intestin des parasites, mais on obtient une bonne amélioration des conditions générales et de la richesse sanguine de la malade.

Le *12 juin*. — La malade est bien améliorée et est considérée comme guérie. Cependant les œufs d'ankylostome n'ont pas encore disparu. On suspend le Ferroplasma et l'on fait un grand lavage de l'intestin. Puis la malade est licenciée.

OBSERVATION XI

Clinica medica della R. Univ. di Pavia. — Prof[r] Forlanini.
Assistente : Dr A. Da Gradi.

Anémie profonde et troubles digestifs

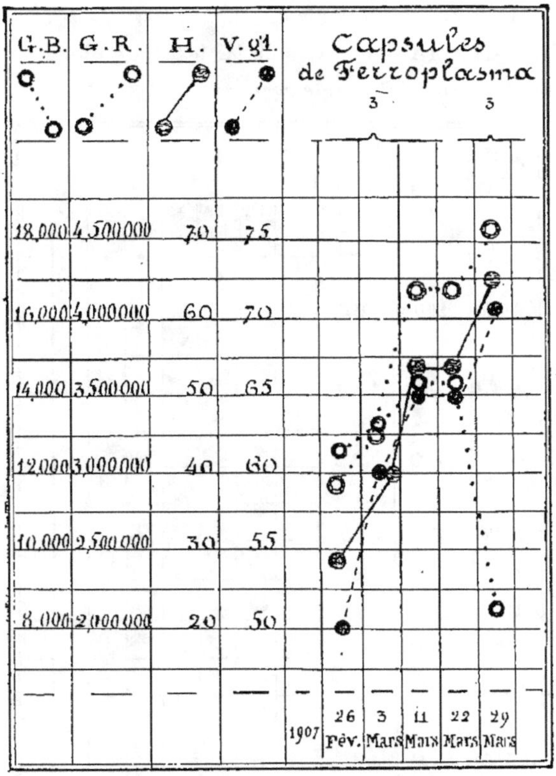

26 février.

Glob. rouges	2.900.000
Glob. blancs	12.600
Hémoglobine	29
Valeur glob.	0,50

3 mars.

Glob. rouges	3.300.000
Glob. blancs	13.200
Hémoglobine	40
Valeur glob.	0,60

11 mars.

Glob. rouges	4.200.005
Glob. blancs	14.300
Hémoglobine	54
Valeur glob.	0,65

22 mars.

id.   id.

29 mars.

Glob. rouges	4.600.000
Glob. blancs	8.500
Hémoglobine	60
Valeur glob.	0.71

D..., Luigi, 34 ans, boulanger, de Cervesina (Pavie).

La maladie pour laquelle le malade doit recourir à l'hôpital, remonte au mois d'avril 1906. Il avait des symptômes d'anémie et des troubles digestifs. Le malade commença un traitement ferrugineux par voie buccale, une première fois au printemps de 1906, et n'en tira que de minimes avantages. Une seconde fois à l'automne, il ne put continuer cette médication qu'il ne pouvait digérer.

Il est reçu à la clinique médicale le 16 février 1907, dans de très mauvaises conditions : faiblesse extrême au point de ne pouvoir se tenir debout ; pâleur cadavérique ; tous les symptômes d'une anémie profonde. A l'examen des fèces on trouve de nombreux œufs d'ankylostome duodénal. On fait suivre au malade un traitement antihelmintique avec la fougère mâle, le thymol, sans réussir à détruire les parasites. Un traitement contre l'anémie avec le lactate de fer n'est pas supporté.

A partir du 26 février, on commence le traitement par le Ferroplasma à la dose conseillée. Le traitement par le Ferroplasma est continué jusqu'au 11 mars, concurremment avec l'huile éthérée de fougère mâle.

Etat général amélioré. Bien que le malade ne soit pas encore débarrassé de ses parasites, il est évidemment amélioré tant sous le rapport des forces et de l'appétit que de l'aspect de la peau et des muqueuses qui sont devenues roses.

L'approche des fêtes de Pâques détermine le malade, qui se trouve en assez bonnes conditions, à quitter la clinique.

OBSERVATION XII

Infirmerie spéciale de Saint-Lazare. — Service de M. le D^r Le Blond.

Syphilis secondaire : Traitement par le mercure seul.

1re semaine.

Glob. rouges   4.120.000
Hémoglobine   65
Valeur glob.   21

2e semaine.

Glob. rouges   4.070.000
Hémoglobine   72
Valeur glob.   23

3e semaine.

Glob. rouges   5.830.000
Hémoglobine   75
Valeur glob.   16

4e semaine.

Glob. rouges   4.500.000
Hémoglobine   58
Valeur glob.   16

5e semaine.

Glob. rouges   4.910.000
Hémoglobine   55
Valeur glob.   14

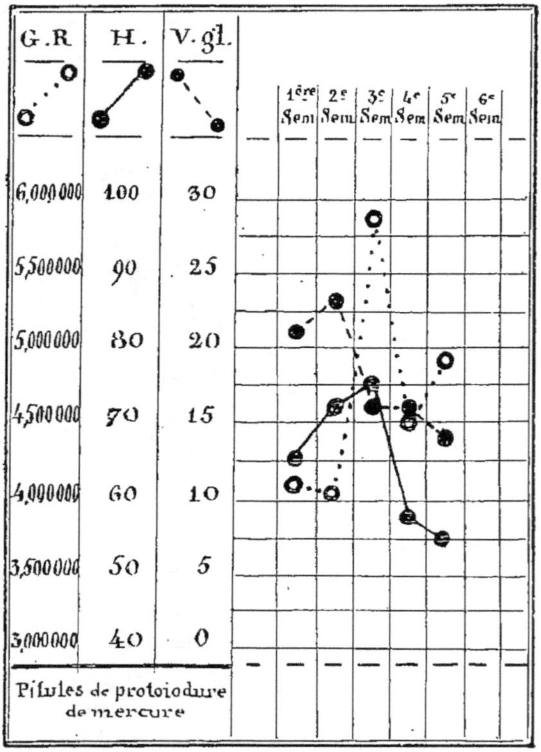

T..., âgée de 19 ans.

Entrée le 8 juillet 1906, pour syphilis érosive de la région périnéale. N'a jamais été traitée. Traitement mercuriel avec pilules de protoiodure.

(Dr Jean Cammas : De l'emploi du fer (médication adjuvante) dans le traitement de la syphilis. Obs. 2).

OBSERVATION XIII

Infirmerie spéciale de Saint-Lazare. — Service de M. le D^r Le Blond.

*Syphilis secondaire et anémie : Traitement exclusif
par le Ferroplasma.*

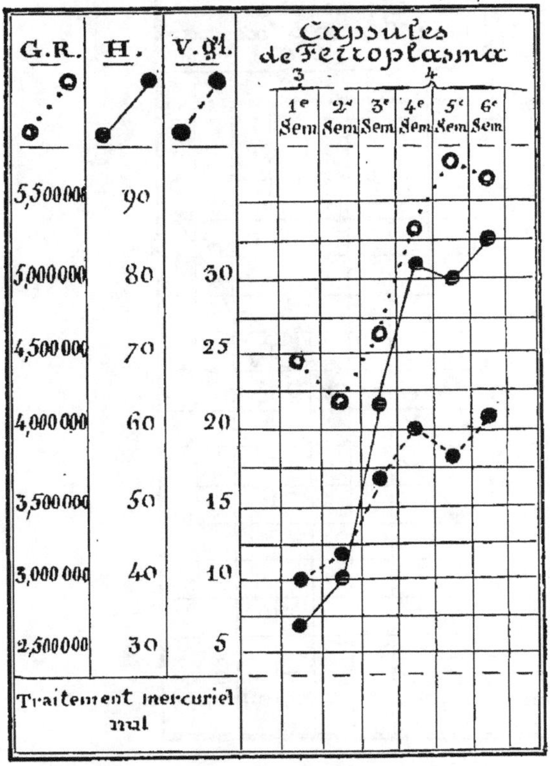

1re semaine.

Glob. rouges   4.450.000
Hémoglobine   34
Valeur. glob.   10

2e semaine.

Glob. rouges   4.200.000
Hémoglobine   40
Valeur glob.   12

3e semaine.

Glob. rouges   4.650.008
Hémoglobine   64
Valeur. glob.   17

4e semaine.

Glob. rouges   5.330.000
Hémoglobine   82
Valeur glob.   20

5e semaine.

Glob. rouges   5.780.000
Hémoglobine   80
Valeur glob.   18

6e semaine.

Glob. rouges   5.690.000
Hémoglobine   85
Valeur glob.   21

Femme P..., 23 ans. — Entrée le 2 juillet 1905.

ANTÉCÉDENTS HÉRÉDITAIRES. — Néant.

HISTOIRE DE LA MALADE. — Réglée à 15 ans, irrégulièrement. Très nerveuse. Facies pâle, anémié. Muqueuses peu colorées. Entrée le 2 juillet pour une angine syphilitique et de l'urétrite. Début du chancre inaperçu. A fait deux séjours déjà à Saint-Lazare, le premier pour une vaginite, le second pour une angine spécifique, cinq mois auparavant et elle a reçu un traitement mercuriel de six semaines.

Traitement local seul de son angine qui consiste en deux syphilides érosives de la dimension d'un demi-pain à cacheter.

Pas de traitement mercuriel. Mais administration à partir du 8 juillet de 3 puis 4 capsules de Ferroplasma. Aucun phénomène du côté du système digestif. Vers la cinquième semaine, la malade se trouve très bien de la médication ferrugineuse. Elle constate très nettement une augmentation de l'appétit et des forces. L'angine est guérie au bout de trois semaines.

(Dr Jean Cammas : De l'emploi du fer (médication adjuvante) dans le traitement de la syphilis. — Obs. n° 3).

OBSERVATION XIV

Infirmerie spéciale de Saint-Lazare. — Service de M. le D^r Le Blond.

Anémie syphilitique : Traitement par Hg et Ferroplasma.

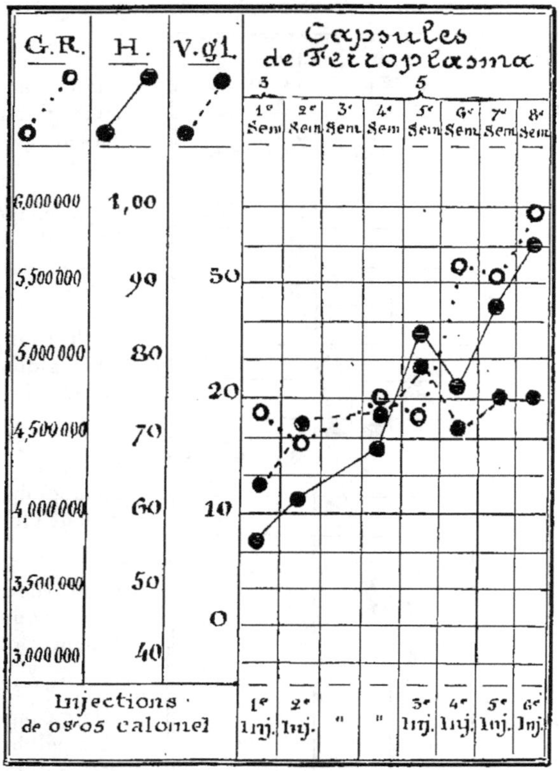

M..., âgée de 18 ans 1/2. — Entrée le 27 juillet 1905.

Antécédents héréditaires. — Père mort de tuberculose. Mère bien portante.

Antécédents collatéraux. — Sœur plus jeune et tuberculeuse.

Antécédents personnels. — Aucune maladie. Réglée à 13 ans, irrégulièrement, durée 5 à 6 jours. Règles suspendues quelquefois pendant 2 ou 3 mois. Exerce le métier de brodeuse.

Elle entre pour urétro-vaginite blennorrhagique et angine syphilitique. Début de la syphilis il y a environ dix-huit mois. A présenté il y a deux mois des plaques muqueuses vulvaires pour lesquelles elle est déjà venue à Saint-Lazare. A subi à cette époque un traitement mercuriel avec des pilules de protoiodure. Symptômes d'anémie, troubles gastriques. Craquements à l'auscultation du sommet droit.

30 juillet. — Examen du sang. A partir de ce jour, trois capsules de Ferroplasma. Gargarismes à l'eau oxygénée.

2 août. — A partir de ce jour, injection de o^{gr}o5 de calomel toutes les semaines excepté pendant les troisième et quatrième semaines du séjour. Poids 63 kilogrammes.

4 août. — Légère diarrhée pendant 2 jours.

7 août. — A partir de ce jour, 5 capsules de Ferroplasma. Examen du sang. Poids 63^k, 500.

3 septembre. — Poids 66 kilogrammes. Forces revenues. Troubles gastriques disparus. Il y a un mois et demi que la malade n'a pas vu ses règles. Plaques muqueuses des amygdales en voie de guérison.

16 septembre. — Apparition des règles. Durée cinq jours. Poids 66^k,200.

1er octobre. — La malade sort guérie et sans aucun phénomène d'anémie. Elle mange très bien et a bu depuis quinze jours quotidiennement un litre de lait supplémentaire.

(Dr J. Cammas : De l'emploi du fer (médication adjuvante) dans le traitement de la syphilis. — Obs. 7).

OBSERVATION XV

Hôpital des Enfants malades. — Service de M. le Dr Moizard.

Fièvre typhoïde et rechutes.

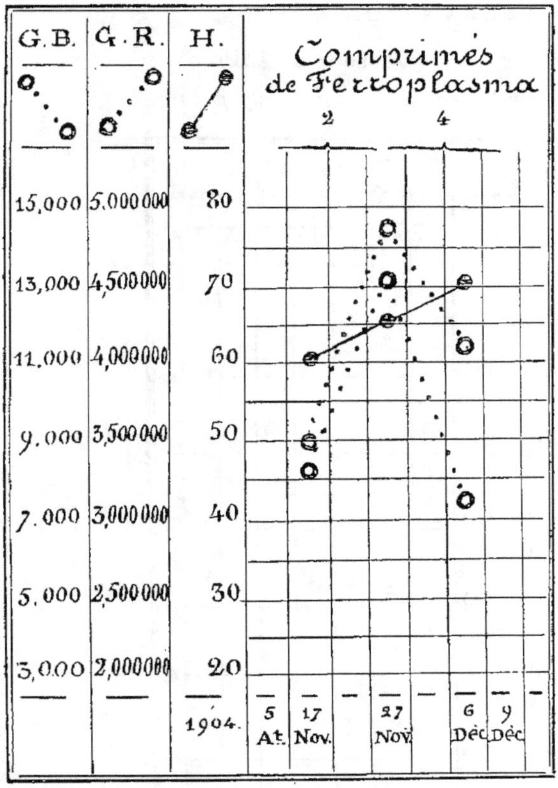

17 novembre.

Glob. rouges 3.495.000
Glob. blancs 8.080
Hémoglobine 60

27 novembre.

Glob. rouges 4.860.000
Glob. blancs 13.020
Hémoglobine 65

6 décembre.

Glob. rouges 4.092.000
Glob. blancs 7.440
Hémoglobine 70

poids.

4 novembre. 15^k
1 décembre. 18^{k}500
9 — 19^{k}200

D..., 8 ans. — Entrée : 5 août 1904, salle Guersant, lit 31.

DIAGNOSTIC. — Fièvre typhoïde, rechutes.

Parents bien portants. Aucun antécédent personnel.

Depuis 3 jours se plaint du ventre. Constipé. Un seul vomissement. Abattu. Toux.

Le *10 août*. — Séro-diagnostic positif.

Évolution normale de la fièvre typhoïde. Le 10 août, température 37°.

Recrudescence de la température les jours suivants.

Rechute du 24 août au 4 septembre. La température reste normale du 8 au 15 septembre.

Nouvelle rechute le 15 septembre, terminée le 3 octobre.

Puis convalescence complète, mais faiblesse encore. Beaucoup d'amaigrissement.

Le *5 novembre*. — Ovolécithine.

Le *17 novembre*. — Ferroplasma, 2 comprimés.

Le *20 novembre*. — Ferroplasma, 4 comprimés

Quitte l'hôpital le 11 décembre.

A toujours très volontiers pris ses comprimés, et on n'a constaté chez lui aucun trouble digestif, ni diarrhée, ni constipation.

OBSERVATION XVI

Thèse de M. le Dr Vasseur de Lille.

Intoxication par l'oxyde de carbone et dyspepsie.

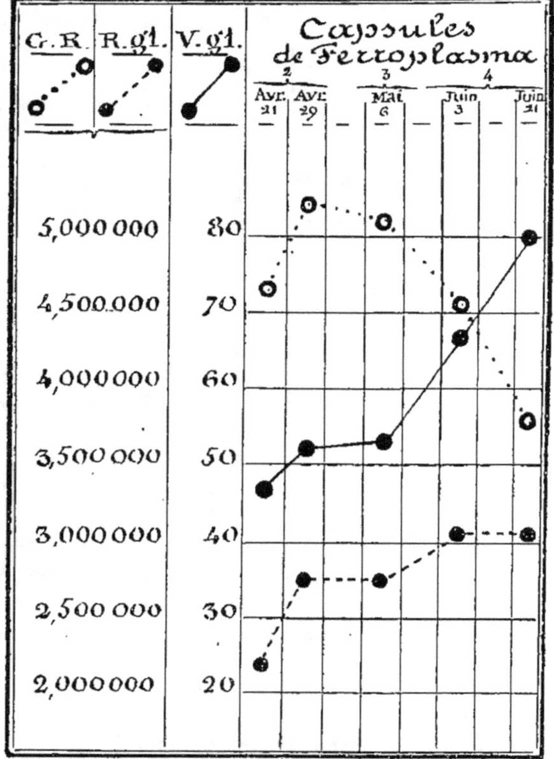

B..., Renée, 26 ans, cuisinière, (malade M. le Dr Paucot).

Antécédents personnels. — Rougeole à 15 ans. Cuisinière depuis l'âge de 17 ans. Il y a quatre ans, grippe infectieuse qui l'a affaiblie beaucoup. Repos de 3 mois à la campagne sans amélioration notable. Depuis, elle travaille dans une cuisine basse, mal aérée. Peu à peu, son mauvais état général a augmenté.

État actuel. — Teint jaune verdâtre, muqueuses décolorées ; très vite fatiguée, faiblesse des jambes ; palpitations, essoufflements, vertiges.

Troubles digestifs marqués : inappétence, nausées, renvois. Dilatation d'estomac. Constipation habituelle très marquée.

Règles irrégulières ; pertes blanches.

Traitement. — Le 21 avril et jours suivants 2 capsules de Rumex (Ferroplasma) par jour, au milieu des repas. Du 22 au 25, règles. (Le Rumex a été pris pendant ce temps).

29 avril. — Selles régulières; appétit un peu augmenté ; les forces reviennent passagèrement.

30 avril. — 3 capsules par jour.

6 mai. — La malade se sent plus forte : les palpitations diminuent. Constipation (état habituel). A partir de ce jour 4 capsules par jour, jusqu'au 26 mai (Du 26 mai au 3 juin, la malade ne prend pas le médicament, n'en ayant plus).

3 juin. — La malade se trouve beaucoup mieux: elle est nettement plus colorée : n'a plus ni vertiges, ni palpitations. L'appétit est bon. On lui donne une nouvelle provision du médicament qu'elle reprend à raison de 4 capsules par jour.

Du 10 au 21 juin. — Deux à trois selles par jour. Le 21, elle ne se plaint plus de rien. Très bien colorée, beaucoup plus forte, bon appétit.

L'auteur ajoute : « Dans cette observation, l'amélioration est très manifeste: la richesse globulaire et surtout la valeur globulaire ont augmenté rapidement. La diminution du nombre des hématies a montré l'élimination des globules atteints par l'oxyde de carbone. Etant donnée la lenteur avec laquelle se fait, en général, la rénovation de l'hémoglobine dans l'intoxication par CO, à quoi devons-nous attribuer ce beau résultat ? Il est évident que le médicament a été très bien assimilé et a eu une action très utile. »

OBSERVATION XVII

Hôpital Saint-Antoine. — Service de M. le Professeur Vaquez.

Ulcère de l'estomac.

23 décembre.

Glob. rouges   1.170.000
Glob. blancs   23.700

18 février.

Glob. rouges   3.270.000
Glob. blancs   12.000

1ᵉʳ mars.

Glob. rouges   4.000.000
Glob. blancs   8.400

Le taux de l'hémoglobi-
ne n'a pas été déterminé.

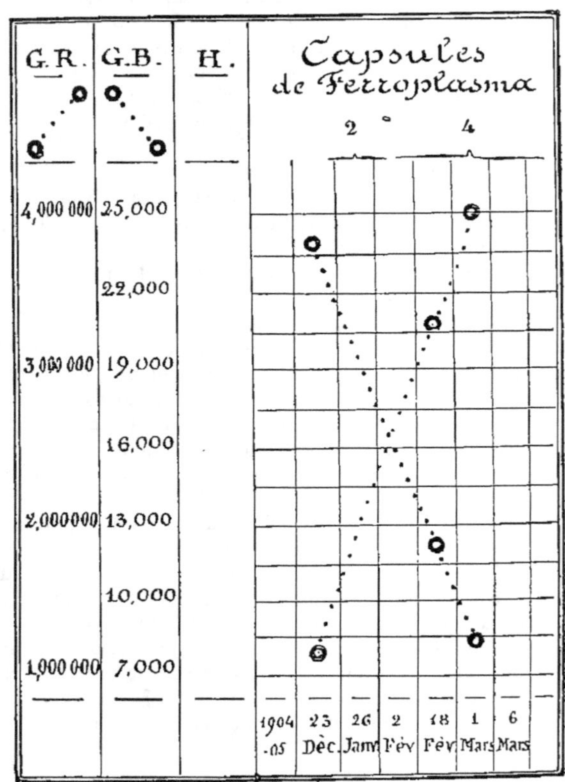

B...., Lucile, 24 ans. — Entrée le 22 décembre 1904.

ANTÉCÉDENTS HÉRÉDITAIRES. — Rien à signaler.

A l'âge de 19 ans, sentiment de brûlure à l'estomac. Pas de vomissements alimen-
taires. Un mois après le début, hématémèse abondante durant 2 jours avec melœna.
Puis, après 2 mois de repos au lit, phlébite (durée 15 jours). Se remet peu à peu.

Le 6 décembre 1904, reprise de douleurs. Le 22 décembre, brusque hématémèse.

EXAMEN. — Malade très anémiée. Douleur à la palpation de la région épigas-
trique. L'estomac ne paraît pas dilaté. La langue est blanche, saburrale.

Repos absolu et régime lacté jusqu'au 23 janvier, date à laquelle on commence à alimenter la malade. Constipation.

26 *janvier*. — Traitement par Ferroplasma : 1 capsule le matin et une capsule
le soir.

2 *février*. — Ce médicament étant bien supporté, on donne 2 capsules de
Ferroplasma le matin et 2 le soir, qui produisent une selle par jour et font
supprimer les lavements.

18 *février*. — La malade va beaucoup mieux. Les lèvres sont franchement
colorées. Teint bien moins pâle. Mange très bien.

6 *mars*. — La malade sort en bonne santé.

OBSERVATION XVIII

Hôpital Saint-Antoine. — Service de M. le Professeur Vaquez.
M. le Dr Laubry, chef de laboratoire.

Chlorose.

24 avril.

Glob. rouges   3.500.000
Glob. blancs   16.800
Hémoglobine   50

11 mai.

Glob. rouges   3.650.000
Glob. blancs   12.000
Hémoglobine   58

23 mai.

Glob. rouges   3.920.000
Glob. blancs   5.000
Hémoglobine   80

G..., Modeste, 16 ans. — Entrée le 12 avril 1905.

ANTÉCÉDENTS PERSONNELS. — Réglée à 13 ans ; règles régulières pendant un an. Employée dans un service pénible, les règles deviennent irrégulières, puis suppression ; pertes blanches. Perte de l'appétit ; palpitations, bourdonnements d'oreilles ; sueur au moindre effort.

Sous l'influence de ces accidents, visitée par M. le Dr Laubry qui constate tous les signes de la chlorose : décoloration des muqueuses, troubles vaso-moteurs de la face ; au cœur un léger souffle mésosystolique ayant tous les caractères d'une affection cardiaque. Bruit de rouet dans les jugulaires internes. Troubles digestifs habituels ; anorexie; constipation. Paupières gonflées au réveil.

TRAITEMENT. — Repos au lit et régime lacté. Capsules de Ferroplasma : 1 capsule le matin et 1 le soir.

Dès le 1er mai, les lavements sont supprimés, la malade ayant une selle régulière par jour. Alimentation.

4 mai. — On élève la dose du Ferroplasma à 3, puis le 12 mai à 4 capsules par jour.

Sortie en très bon état le 28 mai.

OBSERVATION XIX

Hôpital des Enfants malades. — Observation de M. le Dr Lesné

Chloro-anémie gastro-intestinale.

20 juin.

Glob. rouges   1,271.000
Glob. blancs   12.000

Poïkylocytose, globules nains et géants. Pas de globules rouges nucléés.

25 juin.

Glob. rouges   1.300.000
Glob. blancs   17.000

1er juillet.

Glob. rouges   2.170.000
Glob. blancs   12.000

5 juillet.

Glob. rouges   2.325.000
Glob. blancs   11.000

18 juillet.

Glob. rouges   3.100.000
Glob. blancs   8.000

Quelques globules géants. Très rares déformations globulaires.

Le taux de l'hémoglobine n'a pas été déterminé.

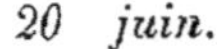

Jean O..., 3 ans.

Entrée le 20 juin 1905, salle Henri Roger.

Antécédents héréditaires. — Rien à signaler.

Antécédents personnels. — Né à terme, nourri au sein pendant onze mois. Elevé à la campagne ; alimentation défectueuse et mal réglée. Alternatives de constipation et de diarrhée. Rentré à Paris depuis 3 semaines. Ces jours derniers il aurait eu de la fièvre et une angine.

Examen. — L'enfant présente une éruption papuleuse très discrète sur le tronc et les membres. Rien à l'auscultation des poumons. Langue sale, constipation. Foie gros, déborde de deux travers de doigt le rebord des fausses côtes. Rate grosse, déborde de trois travers de doigt. Ventre légèrement ballonné. Rien dans les urines. Décoloration très forte des muqueuses. Bruit de diable dans les vaisseaux du cou. L'enfant est très faible.

Traitement. — Lait et lit. Les jours suivants l'état reste le même. On ajoute au traitement 40 grammes de viande de mouton crue, en 2 fois, et, à chaque repas, 2 comprimés de Ferroplasma écrasés et délayés dans de la confiture.

1er juillet. — L'enfant s'améliore. Les téguments sont moins décolorés. Les

symptômes thoraciques ont complètement disparu. On continue la viande crue
et le Ferroplasma avec régime lacto-végétarien et 2 jaunes d'œuf.

20 juillet. — L'enfant sort considérablement amélioré, ayant des fonctions
digestives normales, un foie et une rate revenus à des dimensions raisonnables,
Les muqueuses et le teint ont repris leur coloration. Le bruit des vaisseaux du
cou a disparu.

OBSERVATION XX
Hôpital Lariboisière.

Anémie grave.

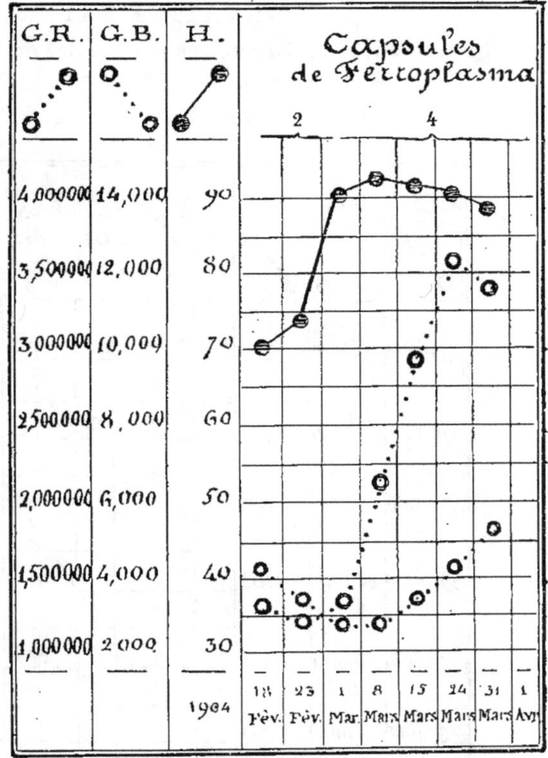

Femme F..., 22 ans.
Entrée le 17 février 1904.

ANTÉCÉDENTS PERSONNELS. — Chloro-anémie à 15 ans. Formation tardive à 18
ans. Mariée à 21 ans. Le 6 septembre 1903, accouchement normal. Métrorrha-
gie abondante en octobre ; commence alors à s'anémier et à faiblir. La faiblesse
s'accentue, le teint se décolore et le poids diminue. Sensation de lassitude in-
vincible.

EXAMEN. — Asthénie considérable rendant la marche impossible. Aspect
bouffi du visage qui est très décoloré, de teinte jaune paille. Léger œdème des

malléoles ; souffles anémiques au cœur. L'examen du sang pratiqué le 18 février, amène aux conclusions suivantes : « *Anémie grave rappelant le type de l'anémie pernicieuse* ».

24 février. — Le traitement par le Ferroplasma est institué (2 capsules les deux premiers jours, 4 ensuite). Repos au lit. Alimentation 3° degré.

24 mars. — La malade est très améliorée. Elle se sent très forte, circule toute la journée, a bon appétit. Elle a repris ses couleurs. Les souffles anémiques ont disparu.

28 mars. — A la suite d'un refroidissement : Angine pultacée (température 40°) durée deux jours.

1er avril. — La malade va en convalescence au Vésinet. Elle est très améliorée malgré la secousse infectieuse du 28 mars.

OBSERVATION XXI

Hôpital Saint-Pierre à Bruxelles. — Service de M. le Dr Dantz,
Assistant : M. le Dr Maroy.

Chlorose.

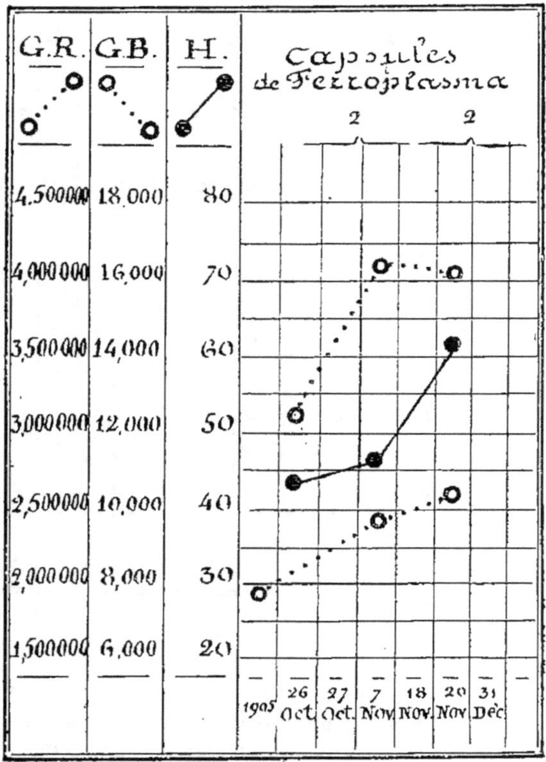

Van der S..., 14 ans 1/2, lingère. — Entrée le 23 octobre 1905. Salle 38.
ANTÉCÉDENTS HÉRÉDITAIRES. — Père, 35 ans, vivant, attrape des froids. Mère,

33 ans, vivante ; 2 sœurs et 1 frère bien portants. La malade est la seconde enfant.

Antécédents personnels. — A 4 ans, scarlatine et rougeole.

Etat actuel. — N : — Céphalalgie frontale ; sommeil irrégulier. Rêve beaucoup et a des cauchemars. Syncopes fréquentes. — R : — tousse un peu ; expectoration minime, pharyngienne ; oppression d'effort très vive. Bruit de diable des 2 côtés, modéré. — C : — palpitations ; jamais d'œdème ; a beaucoup saigné du nez vers l'âge de 10 ans. — D : — appétit bon ; soif nulle ; — digestion bonne. Chez elle, avait des nausées lors des syncopes. Selles régulières, journalières, moulées. — G : — N'est pas encore réglée ; pas de leucorrhée. Urines normales.

Ne croit pas avoir maigri. Pas de frissons ni de fièvre ; transpire beaucoup. Le soir, parfois, bouffées de chaleur. Aucune douleur. Pas de forces. Malade depuis 2 mois ; ne s'est pas alitée. Se sentait faible, était oppressée et avait des syncopes.

Traitement. — Soins hygiéniques et capsules de Ferroplasma à la dose de 2 par jour.

16 novembre. — La malade va bien, mange bien, digère bien. Aucune colique ; selles régulières. Facies meilleur.

20 décembre. — Va très bien. Aucun trouble digestif.

31 décembre. — La malade quitte le service pour aller en convalescence à Linkebeek.

OBSERVATION XXII

Hôpital Saint-Pierre à Bruxelles. — Service de M. le Dr Dantz.
Assistant : M. le Dr Maroy.

Chlorose.

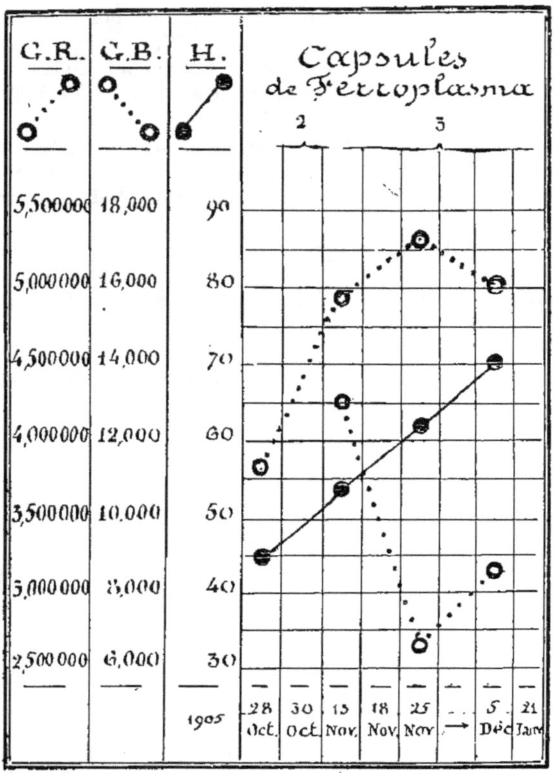

P..., Jeanne, 16 ans, casquettière.
Entrée le 25 octobre 1905.

ANTÉCÉDENTS HÉRÉDITAIRES. — Père, + 32 ans T. P. Mère, + 23 ans F. T.
Pas de frère ; 1 sœur, + 5 mois.

ANTÉCÉDENTS PERSONNELS. — Malade depuis 2 ans. A commencé à faiblir et à
tousser. Tous les matins syncopes. A suivi la consultation et a été améliorée ;
mais il y a six mois est redevenue plus malade, se plaint de faiblesses et de
vertiges.

ETAT ACTUEL. — R : Ne tousse pas, ne crache pas .Jamais d'hémoptysie ; oppression d'effort très vive. — C : Parfois palpitations ; jamais d'œdème des membres inférieurs. Ne saigne jamais du nez. — D : L'appétit s'améliore depuis son
séjour ici ; soif modérée, digère. Selles régulières, journalières. — N : Pas de
céphalée ; vertiges le matin. Pas de boule ; jamais d'attaque. Ouïe bonne ; vue
bonne. — U: Urines claires. — G : réglée à 12 ans ; règles régulières toujours
en avance de 2 à 3 jours. Durée 4 jours ; assez abondantes ; sang rouge. Pas de
leucorrhée.

Pas de fièvre, pas de frissons, ne transpire pas. Parfois douleurs lombaires.

A beaucoup maigri. En juillet 1904 pesait 56 kilos ; en pèse actuellement 46,500.

TRAITEMENT. — Soins hygiéniques et capsules de Ferroplasma (2 par jour).

10 novembre. — Va dur à la selle ; langue large, blanche, humide.

13 novembre. — La dose quotidienne de Ferroplasma est portée à 3 capsules.

16 novembre. — Mange bien, pas de douleurs gastriques ni de coliques, 1 selle régulière dure. Facies meilleur, se sent plus forte.

21 novembre. — L'appétit reste bon. Va bien à la selle.

7 décembre. — État général très bon. Facies coloré. Poids : 50ᵏ 200. La malade part en convalescence à Linkebeek.

OBSERVATION XXIII

Ospedale Galliera à Gênes. — Communiquée par M. le Profʳ. V. Cantù.

Anémie profonde.

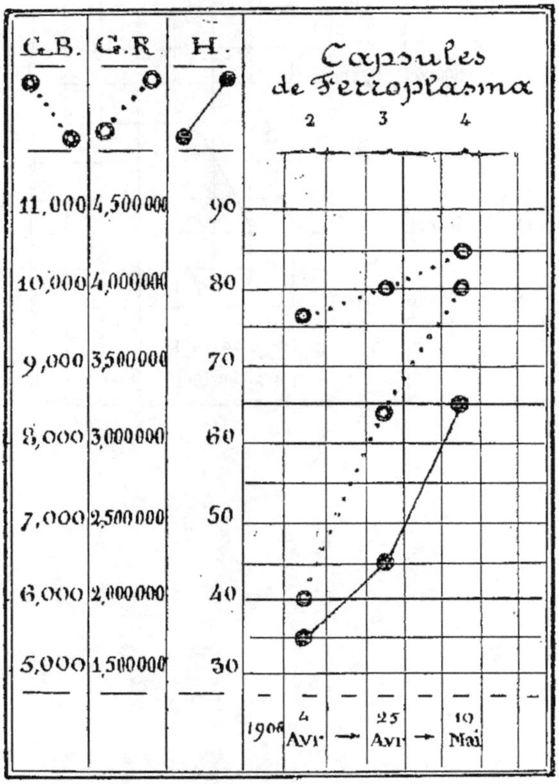

4 avril.

Glob. rouges 2.000.000
Glob. blancs 9.600
Hémoglobine 35

25 avril.

Glob. rouges 3.200.000
Glob. blancs 10.000
Hémoglobine 45

10 mai.

Glob. rouges 4.000,000
Glob. blancs 10.500
Hémoglobine 65

OBSERVATION XXIV

Ospedale Galliera à Gênes. — Communiquée par M. le Prof^r. V. Cautù.

Chlorose.

21 mai.

Glob. rouges 3.200.000
Glob. blancs   10.500
Hémoglobine   45

9 juin.

Glob. rouges 4.000.000
Glob. blancs   10.800
Hémoglobine   65

16 juin.

Glob. rouges 4.500.000
Glob. blancs   11.000
Hémoglobine   80

OBSERVATION XXV

Gemeente Ziekenhuis te s'Gravenhage (La Haye). — Service de
M. le Dr G. H. Rœssingh. Assistant : M. le Dr Polak Daniel.

Chloro-Anémic.

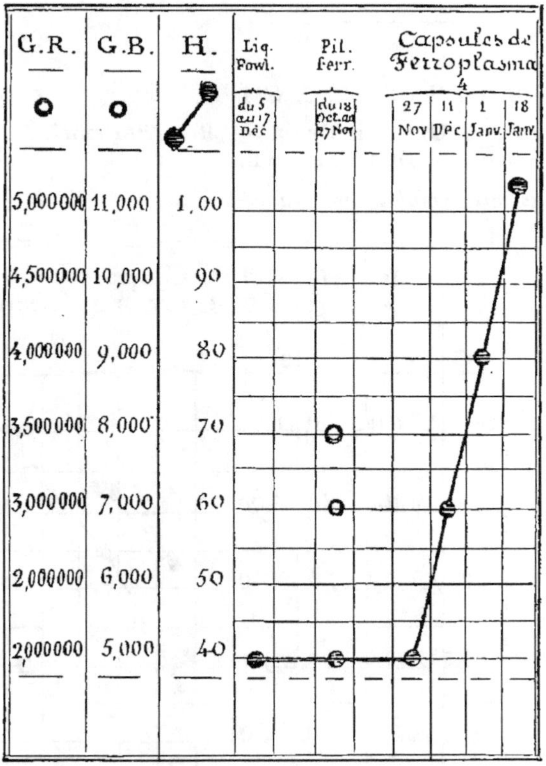

27 novembre.

Erythrocytes	3.500.000
Leucocytes	7.000
Hémoglobine	40

11 décembre.

Hémoglobine	60

1er janvier.

Hémoglobine	80

18 janvier.

Hémoglobine	105

S..., Alida, 27 ans, domestique.

Entrée le 3 octobre 1905. Salle 16.

ANTÉCÉDENTS PERSONNELS. — Il y a 2 1/4 années, la malade a déjà été soignée à l'hôpital pour « chlorose ». Le taux d'hémoglobine de 25 p. 100 à l'entrée, atteignait 60 p. 100 à la sortie.

Il y a 7 mois, elle est revenue à l'hôpital se plaignant de maux de tête et de douleurs dans le dos. La malade guérit par le simple repos.

ÉTAT ACTUEL. — Souffre depuis 3 à 4 semaines des mêmes douleurs qu'au mois de mars dernier. A tous les signes de l'anémie. Rien au cœur ni aux poumons. Température normale. Fonctions bonnes. Flueurs blanches. Un peu d'œdème aux jambes. Le 3 octobre, avant tout traitement, la malade accuse 40 p. 100. — d'hémoglobine.

TRAITEMENT. — Pendant 2 semaines par la « liqueur de Fowler ». Puis pendant 5 semaines par les « pilules de protocarbonate de fer ».

27 novembre. — L'examen de sang a donné : Erythrocytes 3.500.000. Leucocytes 7.000. Hémoglobine 40 p. 100.

On commence alors le traitement par les capsules de Ferroplasma, à la dose de 4 par jour.

11 décembre. — Hémoglobine 60 p. 100 ;

1er janvier. — Hémoglobine 80 p. 100 ;

18 janvier, — Hémoglobine 105 p. 100.

La malade sort le 25 janvier.

OBSERVATION XXVI

Clinica medica della R. Univ. di Pavia. — Prof. Forlanini.
Assistente : Dr A. Da Gradi.

Leucémie lymphatique avancée.

1er mars.

Glob. rouges   3.400.000
Glob. blancs   15.300
Hémoglobine   57
Valeur glob.   0.84

Sang frais ; globules un peu pâles, facilement altérables, nombreux microcytes. Aucune tendance à se disposer en pile.

11 mars.

Glob. rouges   4.000.000
Glob. blancs   13.000
Hémoglobine   75
Valeur glob.   0,93

Sang frais, amélioration évidente.

7 avril.

Glob. rouges   4.250.000
Glob. blancs   18.000
Hémoglobine   85
Valeur glob.   1

Sang frais, glob. r. bien colorés, normaux, disposés en pile.

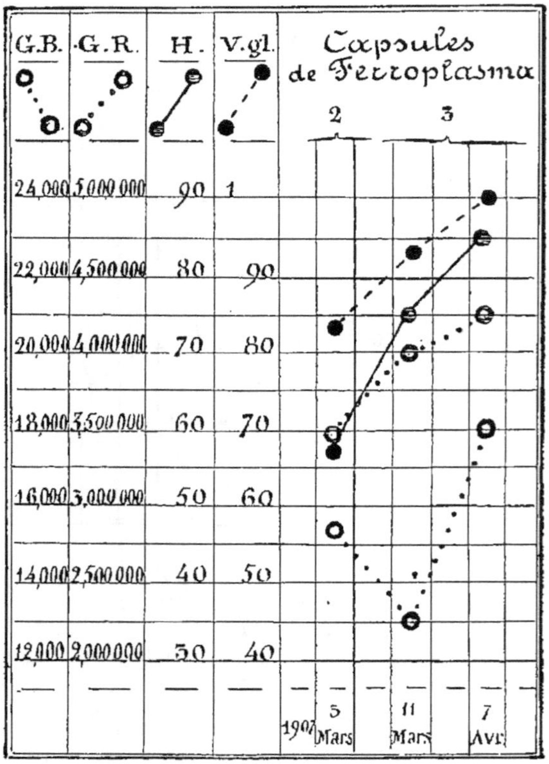

D..., Maria, 59 ans, domestique, de Garlasco (Pavia).

Les antécédents éloignés sont peu intéressants. Rougeole à 3 ans ; fièvre paludéenne à 49 ans. La malade a été réglée à 13 ans et les époques furent régulières. Elle a eu 11 enfants qu'elle a nourris au sein.

En juin 1904, elle s'aperçoit d'un gonflement de la rate et d'une glande ; elle constate à cette époque un dépérissement général.

Elle se présente à la clinique le 30 novembre 1906. On constate une leucémie lymphatique avancée (environ 400.000 globules blancs, presque tous des
lymphocites) et l'on entreprend la Röntgenthérapie avec un heureux résultat
(Le nombre des globules blancs descend à environ 15.000. Le volume de la
rate et de la glande lymplathique est fortement réduit). Le taux de l'hémoglobine et des globules rouges restant enfin invariable, on suspend définitivement
les applications électriques et, le 3 mars 1907, après un examen de sang préalable, on commence le traitement avec le Ferroplasma.

Le 7 *avril*. — Depuis l'administration du ferroplasma, la malade a pris un
aspect florissant et des couleurs roses contrastant avec l'aspect émacié qu'elle
avait au début. Elle dit se sentir des forces, et dès qu'elle va beaucoup mieux,
on lui permet de partir tout heureuse d'être guérie.

Elle revient à la visite un mois après ; elle est dans les meilleures conditions.

OBSERVATION XXVII

Clinica medica della R. Univ. di Pavia. — Prof. Forlanini.
Assistante : Dr A. Da Gradi.

Anémie intense.

17 *avril*.

Glob. rouges   3.000.000
Glob. blancs   6.000
Hémoglobine   20
Valeur glob.   0,31

Glob. rouges très pau-
vres en couleur, presque
tous altérés, de volumes
très divers.

29 *avril*.

Glob. rouges   3.700.000
Glob. blancs   6.000
Hémoglobine.   45
Valeur glob.   0,61

Sang frais en bien
meilleur état.

8 *mai*.

Glob. rouges   4.000.000
Glob. blancs   6.000
Hémoglobine   70
Valeur glob.   0.87

Sang frais : Améliora-
tion considérable.

	16 mai.		*26 mai.*
Glob. rouges	4.500.000	Glob. rouges	4.900.000
Glob. blancs	7.500	Glob. blancs	8.000
Hémoglobine	80	Hémoglobine	88
Valeur glob.	0,88	Valeur glob.	0,90
		Sang frais absolument normal.	

C...., Carolina, 20 ans, paysanne de Borgo S. Siro (Pavia).

Dans les antécédents éloignés on trouve : un rhumatisme articulaire à l'âge de 3 ans, une petite maladie à 12 ans, la malaria à 19. La malade, réglée à 17 ans, a eu depuis des règles peu abondantes et interrompues pendant de longs intervalles. Elle a toujours été délicate, mais ne souffre d'anémie intense que depuis le printemps de 1906.

Elle vient à la Clinique médicale, le 17 avril 1907, dans des conditions vraiment déplorables ; couleur de la peau et des muqueuses pâle au-delà de toute expression ; manque absolu de forces ; anoréxie ; température élevée.

Le 19 avril. — On commence le traitement par le Ferroplasma suivant le mode habituel.

Le 29 avril. — L'aspect général est évidemment amélioré ; les forces sont en grande partie revenues ; l'appétit est bon ; la peau et les muqueuses ont repris une légère teinte rose. On continue le Ferroplasma.

Le 8 mai. — Amélioration toujours considérable. Parallèlement à l'augmentation de la richesse du sang, l'état général de la malade s'améliore si sensiblement qu'elle reste levée toute la journée.

Le 26 mai. — La malade a eu ses règles normales ; elle est guérie et ne ressent aucun malaise. On arrête donc le traitement par le Ferroplasma, bien que le sujet reste dans la clinique pour d'autres expériences, jusqu'au 10 juin, se maintenant en excellentes conditions et le sang restant parfaitement normal.

OBSERVATION XXVIII

Clinique médicale de l'Université de Liège. — Directeur M. le Prof. L. Beco
Assistant : M. le Dr J. Derouaux.

Chlorose.

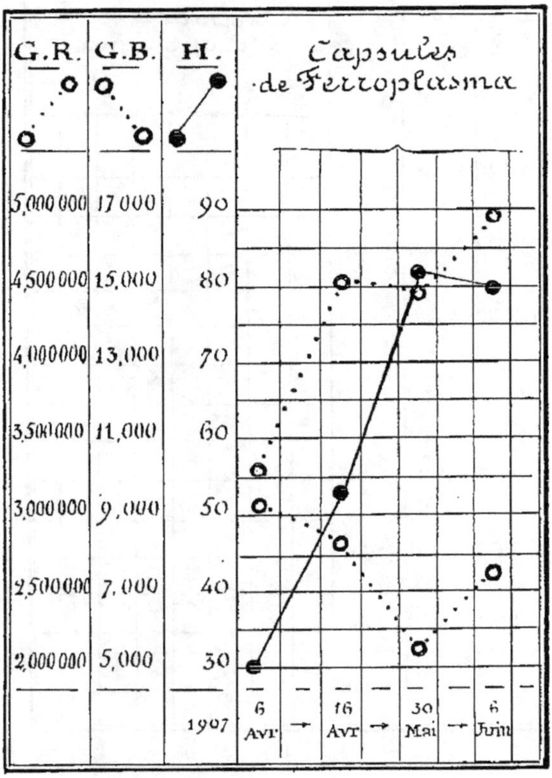

6 avril.

Glob. rouges	3.287.500
Glob. blancs	9.250
Hémoglobine	30
Polynucl.	79 o/o
Mononucl.	19
Eosinophiles	2

16 avril.

Glob. rouges	4.500.000
Glob. blancs	8.380
Hémoglobine	53
Polynucl.	60 o/o
Mononucl.	38,5
Eosinophiles	1
Matzellen	0,5

30 mai.

Glob. rouges	4.475.000
Glob. blancs	5.500
Hémoglobine	82

6 juin.

Glob. rouges	4.975.000
Glob. blancs	7.750
Hémoglobine	80

L... Juliette, 15 ans, fripière.

Entrée à l'hôpital le 6 avril 1907.

Après un examen de sang préalable, on donne du Ferroplasma.

6 juin. — La malade qui, avant son entrée à l'hôpital avait des garde-robes très irrégulières, ne présenta jamais, pendant la cure, ni constipation ni diarrhée.

L'appétit revint rapidement et le poids de 47 kilos atteignit 53^k 550.

OBSERVATION XXIX

Clinique médicale de l'Univ. de Liège. — Directeur : M. le Prof. L. Beco
Assistant : M. le Dr J. Derouaux.

Chlorose.

16 janvier.

Glob. rouges   3.500.000
Glob. blancs   7.500
Hémoglobine   44
Polynucl.   62   o/o
Mononucl.   34,4
Eosinophiles   3,6

29 janvier.

Glob. rouges   4.437.000
Glob. blancs   7.000
Hémoglobine   58
Polynucl.   68 1/3   o/o
Mononucl.   31
Eosinophiles   2/3

8 février.

Glob. rouges   4.225.000
Glob. blancs   6.800
Hémoglobine   64
Polynucl.   70   o/o
Mononucl.   26 1/3
Eosinophiles   3 2/3

21 février.

Glob. rouges   4.700.000
Glob. blancs   6.900
Hémoglobine   73

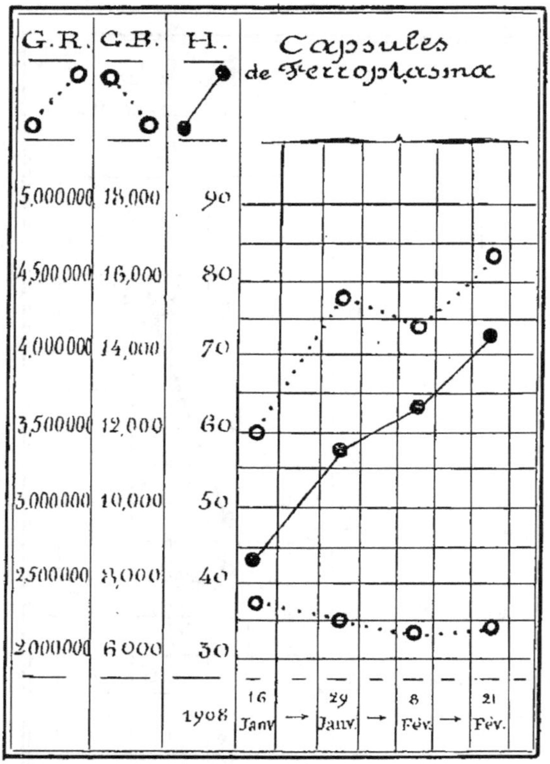

K... Marie, 17 ans, ménagère.

Entrée à l'hôpital le 16 janvier 1908.

Anémique depuis 3 ans. Se plaint d'essoufflement, céphalalgie, vertiges, bourdonnements d'oreilles.

Appétit nul; digestions difficiles et douloureuses. Selles régulières. Bien réglée. Le poids de la malade est de 52^k 200.

On administre du Ferroplasma.

Le *29 janvier.* — L'appétit a réapparu ; les digestions sont excellentes.

La malade fait ensuite une angine à staphylocoques.

Le *21 février.* — La malade pèse 54^k. 800.

Jamais de constipation ni de diarrhée pendant le traitement.

OBSERVATION XXX

Hôpital Sainte-Elisabeth à Anvers. — Service de M. le Dr Jacobs.
Chef de laboratoire : M. le D^r Em. Legros.

Chloro-anémie.

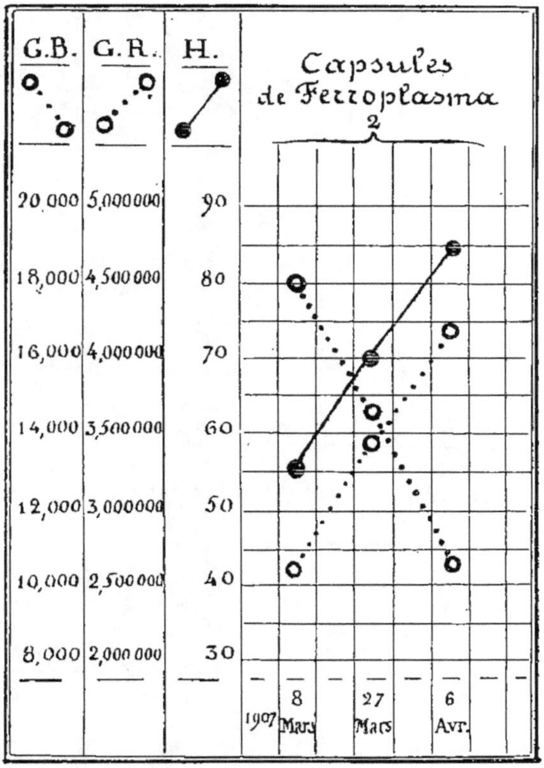

SANG.

8 mars.

Glob. rouges   2.624.000
Glob. blancs   18.000
Hémoglobine   55
Poïkylocytose, Macro et microcytes. Pas de Glob. rouges nucléés. Formes en poire, en bissac, etc.

27 mars.

Glob. rouges   3.444.000
Glob. blancs   14.500
Hémoglobine   70
La poïkylocytose a diminué.

6 avril

Glob. rouges   4.224.000
Glob. blancs   10.600
Hémoglobine   85

SUC GASTRIQUE.
8 mars.

Acidité totale   1.642
Ac. chlorhydr.   traces
Ac. lactique   abondant

POIDS.		6 avril.	
8 mars	51^k.	Acidité totale	2.155
27 —	52^k.500	Ac. chlorhydr	1.325
6 avril.	55^k.	Ac. lactique	0

D...., Rosalie, 20 ans, ouvrière de fabrique. — Entrée le 6 mars 1907.

Anémie depuis l'âge de la puberté. A déjà séjourné dans un autre hôpital, où le repos et le régime ont eu, en partie, raison de l'anémie.

Asthénie ; décoloration de la face et des muqueuses. Anorexie, souffles anémiques au cœur. Faiblesse des jambes ; palpitations ; vertiges.

Le *8 mars.* — Premier examen du sang et du suc gastrique. Traitement : — 2 capsules de Ferroplasma par jour. Pas de constipation. Tolérance parfaite.

Le *6 avril.* — La malade est sortie améliorée au point qu'elle a repris son travail.

L'analyse du suc gastrique révèle à l'entrée à l'hôpital, de très faibles doses d'acide chlorhydrique libre, et, à la sortie, une quantité normale montrant le rétablissement de ses fonctions digestives.

ÉVREUX, IMPRIMERIE CH. HÉRISSEY ET FILS

www.ingramcontent.com/pod-product-compliance
Lightning Source LLC
Chambersburg PA
CBHW061241030726
47595CB00004B/1651